※シートはかならずコピーして、みんなで使ってください。

ゼロから楽しむ！プログラミング

名前 _____

調べるシート

コンピュータが入っているものと いないものをさがしてみよう！

身のまわりのものを調べてみよう！
どんなものに、コンピュータが入っているかな？

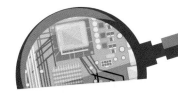

JN007491

	コンピュータが入っているもの	コンピュータが入っていないもの
家の中		
町の中		
学校		

監修のことば

小林祐紀
茨城大学教育学部 准教授

ようこそ！ プログラミングの世界へ

　この書籍を手に取ったあなたは、プログラミングに関心がある人でしょう。

　でも、プログラミングという言葉は、何だかむずかしい感じがしていませんか。

　大丈夫です。副題にもあるように、プログラミングについて、知識がゼロからでも楽しむことができるように、この3冊の書籍はつくられています。

　第1巻では、生活の中で必ず使ったことのある、身近なプログラムについて学びます。

　第2巻では、コンピュータのしくみやプログラミング特有の考え方を学びます。

　第3巻では、ワクワク・ドキドキのチャレンジをいくつか示しています。

　ぜひ、あなた自身がプログラミングに挑戦してみましょう！

　ここでは、第1巻について、少し解説しましょう。

　わたしたちの生活を見わたすと、実にたくさんのコンピュータ（コンピュータが中に取りつけてあるもの）にかこまれながら生活していることに気づきませんか。ゲーム機、テレビはもちろんのこと、登下校中に見るであろう信号機にも、コンピュータが使われています。コンピュータは、人が指示を出すことで、はじめて動きます。また、その指示のことを「プログラム」、指示をつくることを「プログラミング」とよびます。

　身近な生活とコンピュータを動かすプログラムを結びつけながら、第1巻を読みすすめてみましょう。きっと、新たな発見や気づきが生まれるはずです。

　プログラミングの世界への旅が、心はずむものになることを期待しています。

ゼロから楽しむ！ プログラミング

1

もののしくみとプログラミング

茨城大学准教授
監修 小林 祐紀

小峰書店

ゼロから楽しむ！プログラミング ①

もののしくみとプログラミング

もくじ

あ！ そろそろ電池が切れるぞ！

はい、時間ぴったりたきたてですよ。

ピピピ

では洗濯スタート！

シャー

ゴウン

お金足りません…。

みんなの
身のまわりには、
プログラムで動くものが
とてもたくさん
あるよ!

家や町の中で
実際に見てみて、
プログラムを身近に
感じてね!

ドローンです。
空の上から
町のようすを
撮影して
いるんです。

この本のみかた

おもなプログラム
その家電や製品に組まれているプログラムのおもな例だよ。

図解
どこにプログラムを実行するコンピュータがあるのかなどをしめした、しくみ図だ。

開発者に聞く!
実際に開発にたずさわる人が、プログラミングのみりょくについて教えてくれるよ。

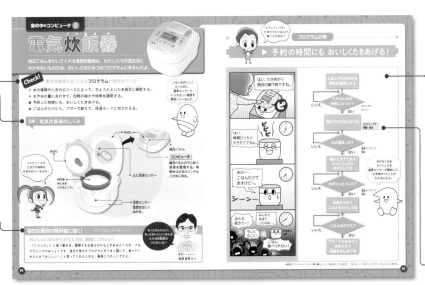

プログラムの例（フローチャート）
プログラムの例をフローチャートでしょうかいしているよ。
4コマまんがといっしょに楽しんでね。

※本書では小学生の読者にむけて、プログラムを短くわかりやすく表現しています。

※コンピュータが判断や指示をする最初のブロックに、黄色のマークを入れています。

プログラミングって何だろう？

「プログラミング」って何か、知っている？
みんなにとっても、実はとても身近なものなんだ。
プログラミングについて、楽しく知っていこう！

ケイ！
ゲームもう
やめる時間
でしょ！

うーん
もう
ちょっと…。

ルイ
（小学5年生）

ケイ
（小学3年生）

ゲームは
1日30分っていう
やくそくでしょ！

そういうルイだって
ずっとパソコン
してるじゃないか！

わたしはいいの！
プログラミングの
勉強してるんだから。

楽器つくるんだ〜

なにそれ
プロ野球の
なかま？

プログラミング？

プログラミングって
いうのはね、

コンピュータの…。

・・・・・・・・

コンピュータが
動くように…。

・・・・

アレを
アレして
アレすんのよ

第1章 家の中のコンピュータ

家の中には、プログラムで動くコンピュータがたくさんある。身近な家電がどんなプログラムで動いているか、見てみよう。たくさんの開発にかかわった人たちのくふうや思いがかたちになって、便利な生活が実現しているよ。

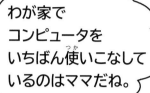

わが家でコンピュータをいちばん使いこなしているのはママだね。

それ、どういうこと？

このごはんだって、コンピュータでたいたのよ。

たいたのは炊飯器でしょ？

この炊飯器には、コンピュータが入ってるんだよ。

炊飯器のほかにも…。

冷蔵庫は、それぞれの部屋の温度を考えて、肉や野菜をおいしくたもつよ。

コンピュータが加熱の温度や時間を調整してくれるから、おいしいごはんがたきあがるよ。

今はおいしいままで保温してます。

だからジュースもいつも冷えてておいしいんだね。

電子レンジは食品の重さなどを感知して、ちょうどいい加熱時間を考えてくれるよ。

お料理もできるわよ。

ロボット掃除機

©ルンバi7＋

自分で動きを決めて家じゅうをきれいにしてくれるロボット掃除機は、とても身近なロボットだ。どうやって動いているのかな？

Check! ロボット掃除機には、こんな**プログラム**が組まれている！

● ごみがあったら、なくなるまできれいにする。

● かべにぶつかったり段差を見つけたりしたら、進む向きをかえる。

● 「ここには入らないでね」とつたえた場所には入らない。

● 電池がなくなりそうになったら、とちゅうでホームベースにチャージ（充電）しにもどる。

● 掃除しながら、部屋のかたちや家具の位置など、家の間取りをおぼえる。

センサーやカメラからの情報をもとに、コンピュータがプログラムにしたがって動きを決めるんだよ。

図解｜ロボット掃除機のしくみ

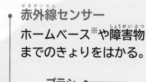

カメラ
部屋を見わたして家の間取りをおぼえる。

赤外線センサー
ホームベース※や障害物までのきょりをはかる。

表

ブラシ
部屋のすみのごみをかきだす。

バンパーセンサー
障害物を見つけて知らせる。

位置センサー
自分の位置を知る。

裏

コンピュータ
マイクロコントローラーとよばれる小さなコンピュータが内部にある。プログラミングされた情報はここにすべて入っていて、全体の動きを管理する。

車輪
回転数で自分の位置を知る。

バッテリー（電池）バッテリーセンサー
のこりの電池の量を知らせる。

段差センサー
段差を見つけて知らせる。

ゴムブラシ
ごみを強くかきこんですう。

ゴミセンサー
ごみを見つけて知らせる。

いろんなセンサーが障害物や段差を見つけて知らせてくれるよ！

※ホームベース…掃除をしていないときにつながる機器。充電もできる。

ぶつかったら
どう進むの？

▶ 障害があったら進む向きをかえる！

プログラムを
考えるときは、
フローチャートに
まとめると
わかりやすいよ！

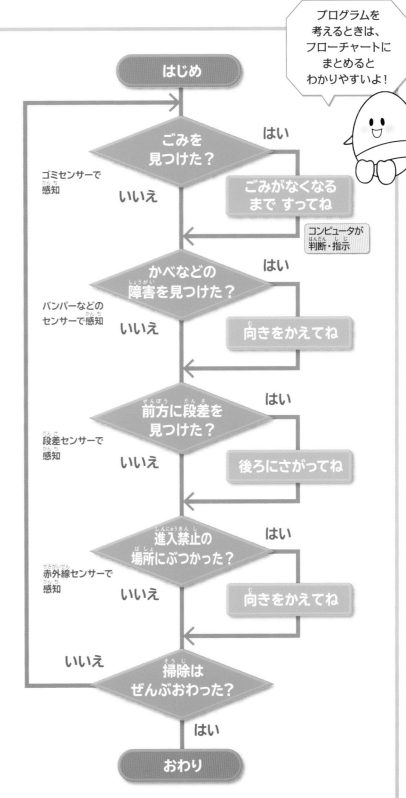

▶ 電池がへってきたら充電しにもどる!

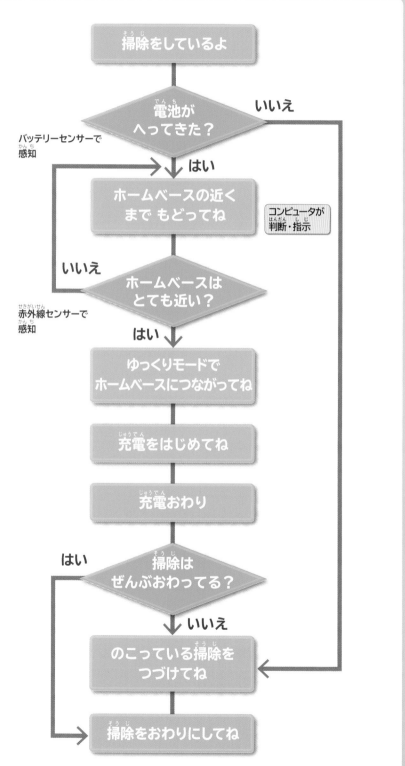

掃除をしているよ

電池が
へってきた？ → いいえ

バッテリーセンサーで
感知

はい

ホームベースの近く
まで もどってね

コンピュータが
判断・指示

いいえ

ホームベースは
とても近い？

赤外線センサーで
感知

はい

ゆっくりモードで
ホームベースにつながってね

充電をはじめてね

充電おわり

掃除は
ぜんぶおわってる？

はい

いいえ

のこっている掃除を
つづけてね

掃除をおわりにしてね

※全体のフローチャートから一部の動きについてぬき出しているため、「はじめ」と「おわり」のブロックは入っていません。

いちばん有名な　ロボット掃除機を開発した　｜　アイロボット・コーポレイション CEO
コリン・アングルさん

「人とロボットが　　いっしょに生きていく社会をつくりたい」

> きみのつくったロボットが、いろいろな問題を解決すると思ってごらん。ワクワクするよね！そのワクワクが大切なんだ。

> 将来いっしょにロボットをつくろう。いつでも待ってるよ！

▶ 子どものころから、ものづくりが大好き！

ぼくは小さいころから、ものをつくったり組み立てたりすることが大好きだったんだ。レゴや身近なあらゆるもので、いつも何かをつくってたよ。最初につくったのは、4才のときにわりばしでつくった恐竜のロボット。ママは、身のまわりのものがどんなしくみで動くのか？　なんていう本をよく読んでくれて、すごくおもしろかったな。

▶ 身近な人の役に立ちたくて、ロボット掃除機をつくった！

大学生のとき、AI（人工知能）を研究している先生と学生で会社をつくったんだ。最初は、エジプトにあるピラミッドの調査や、海底の調査などをする産業用ロボットをつくっていた。でも、だんだん身近な人の役に立ちたいと思うようになって、ロボット掃除機なら、みんなのくらしを楽にできると思ったんだ。家を掃除する仕事は、とてもロボットに向いているんだよ。

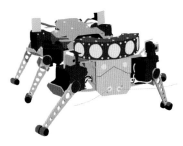

ロボット掃除機の動き方

ロボット掃除機の動きは、40通り以上の種類があるよ。かべなどの障害物があるとおぼえて、部屋の広さやかたち、よごれ具合、障害物や段差などにあわせて動くんだ。

①自分のまわりに円をえがく。

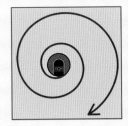

②かべにそって動く。

③かべにぶつかると、かべがあることをおぼえる。

④ごみがあると、前後に動いてしっかりすいとる。

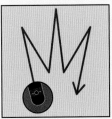

電気炊飯器

毎日ごはんをたいてくれる電気炊飯器は、わたしたちの食生活に
かかせないものだね。おいしさのひみつはプログラムにあるんだよ。

© 東芝 RC-10VXN

Check! 電気炊飯器には、こんな**プログラム**が組まれている！

● 米の種類やたき方のコースによって、ちょうどよいたき具合に調節する。

● 水や米の量にあわせて、加熱の強さや時間を調節する。

● 予約した時間にも、おいしくたきあげる。

● ごはんがたけたら、ブザーで教えて、保温モードに切りかえる。

> ごはんをおいしく
> たくために、
> 温度センサーで
> いつも正しい温度を
> 感知しているんだ。

図解｜電気炊飯器のしくみ

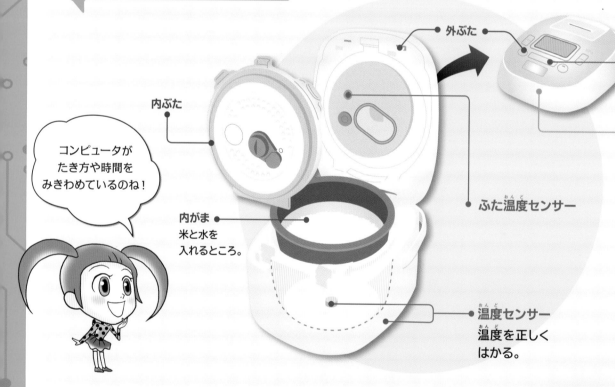

外ぶた

内ぶた

操作パネル

コンピュータ
操作パネルの下にあり、全体を管理する。時間をはかるカウンタはこの中にある。

> コンピュータが
> たき方や時間を
> みきわめているのね！

内がま
米と水を
入れるところ。

ふた温度センサー

温度センサー
温度を正しく
はかる。

電気炊飯器の開発者に聞く！—— プログラミングのみりょく

おいしいごはんがたけたときは、最高にうれしい！

「こうしたい」と思う動きを、実現できる答えがかならずあるところが、プログラミングのみりょくです。自分で考えたプログラムがうまく動いて、食べてくれた人が「おいしい！」と言ってくれたときは、最高にうれしいですよ。

> もっとかんたんに、
> もっとおいしいごはんを
> たける炊飯器を
> つくりたいな！

東芝ホームテクノ
滝澤 俊秀さん

どうしていつも、たきたてのごはんが食べられるの？

プログラムの例

▶ 予約の時間にも おいしくたきあげる！

はい、たきあがり明日の朝7時ですね。

はい、時間ぴったりたきたてですよ。

あの〜、ごはんたけてますけど〜。

シーン…

みんな起きてー！

みんなでねぼうしたのね…。

ちこくちこく！

たきたてが…

ごはん食べられない！

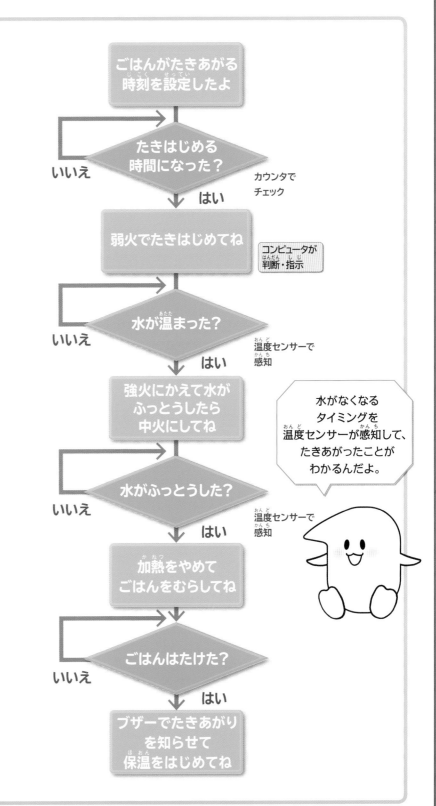

ごはんがたきあがる時刻を設定したよ

いいえ ← たきはじめる時間になった？ → はい
カウンタでチェック

弱火でたきはじめてね
コンピュータが判断・指示

いいえ ← 水が温まった？ → はい
温度センサーで感知

強火にかえて水がふっとうしたら中火にしてね

水がなくなるタイミングを温度センサーが感知して、たきあがったことがわかるんだよ。

いいえ ← 水がふっとうした？ → はい
温度センサーで感知

加熱をやめてごはんをむらしてね

いいえ ← ごはんはたけた？ → はい

ブザーでたきあがりを知らせて保温をはじめてね

※全体のフローチャートから一部の動きについてぬき出しているため、「はじめ」と「おわり」のブロックは入っていません。

15

冷蔵庫

冷やさないと
いけないけど、
冷やしすぎない
ようにも
見守っているよ。

©東芝 GR-R470GW

冷蔵庫がない生活なんて考えられないよね。食品を新鮮なまま
保存するため、いつも一定の温度をたもつようになっているんだ。

Check! 冷蔵庫には、こんなプログラムが組まれている！

- 庫内の温度が上がってきたら、設定した温度に下がるよう調整する。
- 庫内の温度の変化が少なくなって安定したら、
  省エネ運転にかえる（節電モード）。
- ドアが開けっぱなしになっていたら、音を鳴らして知らせる。

図解｜冷蔵庫のしくみ

コンピュータ
センサーなどからの
情報をもとにすべて
の動きを管理する。

LED
庫内を明るく
てらす。

放熱パイプ
庫内の熱を庫外に出す。

温度センサー

ファンモーター
庫内に冷たい
空気を送る。

冷却器（冷蔵）
空気を冷やす。

冷蔵室

野菜室

冷却パイプ
庫内を冷やす。

製氷室

冷凍室

冷たい空気の流れ
冷蔵庫の中にはパイプが
あって、その中を「冷媒」
という、液体にも気体に
もなる物質がまわって、
空気を冷やしている。冷え
た空気はファンモーター
のはたらきで庫内に行
きわたるんだよ。

防露パイプ
庫内に水てきが
つくのをふせぐ。

冷蔵庫の開発者に聞く！
—— プログラミングのみりょく

**家族のように健康や
生活に気を配ってくれる
冷蔵庫をつくりたい！**

こんな機能が自分もほしいなと
思う、興味のある機能のプログラ
ムができたときに、いちばんやり
がいを感じます。その冷蔵庫を気
に入って、買っていただけたとき
は、本当にうれしいですよ。

プログラミングは
興味のある
ことから
はじめよう！

東芝ライフスタイル　角谷 彰規さん

庫内の温度が上がってきたらどうするの？

▶ 庫内の温度を設定した温度まで下げる！

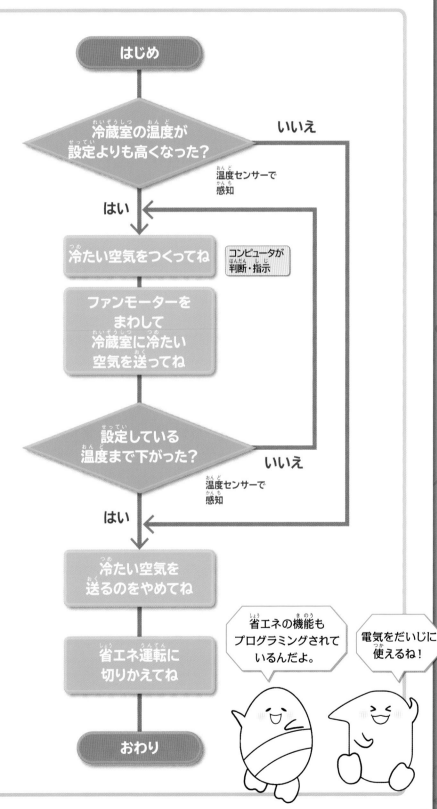

省エネの機能もプログラミングされているんだよ。

電気をだいじに使えるね！

ドラム式洗濯乾燥機

©東芝
TW-127X7

洗剤を入れてボタンをおすだけで、洗濯物がきれいになるのがあたり前の洗濯機。そのあたり前を実現させるのが、プログラムなんだ。

Check! ドラム式洗濯乾燥機には、こんな**プログラム**が組まれている！

● 入れた洗濯物の重さをはかり、ちょうどよい量の水を入れる。

● 操作パネルのボタンがおされたら、音で教える。

● えらばれたコースによって、水流の強さ（モーターの動かし方）をかえる。

操作パネルの下に、水の量やドラムのゆれる強さを感知するセンサーや、全体の動きを管理するコンピュータがあるよ。

図解 ｜ 洗濯乾燥機のしくみ

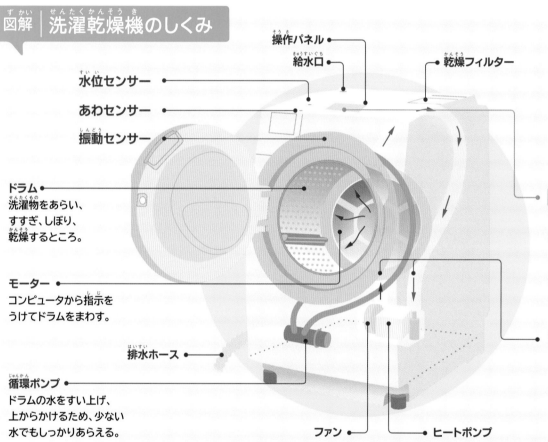

操作パネル
給水口
乾燥フィルター

水位センサー
あわセンサー
振動センサー

ドラム
洗濯物をあらい、
すすぎ、しぼり、
乾燥するところ。

モーター
コンピュータから指示を
うけてドラムをまわす。

排水ホース

循環ポンプ
ドラムの水をすい上げ、
上からかけるため、少ない
水でもしっかりあらえる。

ファン　　ヒートポンプ

コンピュータ
センサーからいろいろな情報を集めて、水の量や洗濯のしかた、時間など全体を管理する。コントロールユニットともいう。

温度センサー

ドラム式洗濯乾燥機の開発者に聞く！ ── プログラミングのみりょく

一つひとつの動きをつくるのが、楽しい！

モーターが動く、ランプがつくなど、洗濯機の一つひとつの動きについて、自分がつくったプログラムどおりに動くと、楽しいです。どんな素材の服でも、量が多くても少なくても、しっかりきれいになるような動きにこだわっています。

かわいた洗濯物を自動でおりたたむ機能を、いつかつけてみたいな！

東芝ライフスタイル
秋田 真吾さん

洗濯物を入れたら、どうやって洗濯をするの？

▶ 洗濯物の重さをはかって、洗濯スタート!

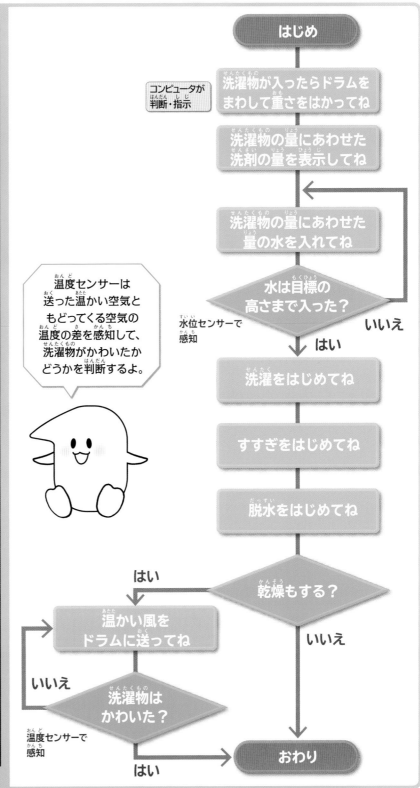

昔の道具と家電

～プログラムで動く家電が登場する前～

これまで見てきたように、今は、プログラムで動く家電がふつうに使われているね。でも昔、コンピュータや電気がなかった時代にも、人びとは掃除や洗濯をして、ごはんをたいて食べていた。どんな道具や家電が使われてきたのかな？

ぼくたちが生まれる前も、いろいろな道具があったんだね！

掃除をする

ロボット掃除機が登場しても、ほうきやはたきは今も使われている。古いものと新しいもの、どちらも使われているのが、掃除道具なんだ。

ほうきとはたきでごみを取る

学校で使ったことある！

けっこうほこりがたつよー。

パタ パタ

はたきでほこりを落とし、ほうきでごみをはいて、ちりとりで集めていた。昔のほうきは、シュロやホウキグサなどの植物からつくられていたんだよ。

電気掃除機が登場

1953年ごろから、見なれたホースの掃除機が広まったんですって！

日本初の電気掃除機

©東芝

日本ではじめて電気掃除機が発売されたのは、1931年。小学校の先生のお給料2か月分もする高級品だったんだ！

コードレス掃除機の登場

コンセントをさし直さなくていいし、パパも、ぱぱっと掃除できるぞ！

ラク ラク

2000年に登場したコードレス掃除機は、充電して使うもの。じゃまなコードがなく、手軽に掃除できるようになったよ。

ロボット掃除機の登場

でも、ベランダやげんかんの掃除は、ほうきを使っているわ。

何もしなくていいね！

家庭用ロボット掃除機は、2002年に登場したよ。

ごはんをたく

昔のごはんは、かたすぎたりやわらかすぎたり、こげてしまったりすることもあった。電気炊飯器ができるまでは、かまどにつきっきりで火かげんを調節していたんだ。今はコンピュータのおかげで、炊飯器で「かまど炊き」と同じようなおいしいごはんがたけるよ。

まきをかまどにくべて、ごはんをたく

かまどの火を調節するのは、とてもたいへん！

羽釜

かまどは、昔のコンロだ。ここに「羽釜」をかけて、ごはんをたいたんだよ。

電気でごはんをたく

保温ができるようになって、いつでも温かいごはんが食べられるね♪

日本初の電気炊飯器
©東芝

保温もできる電子ジャーが全国に広まった

1955年に電気自動炊飯器ができて、1960年には保温ができるものが登場したよ。

食べ物を冷やす

昔は、氷や冷たい井戸水などで食べ物を冷やしていたんだ。だから、くさりやすい食材は、その日に食べられる分だけ買っていた。今のように、いつでも新鮮なものがおいしく食べられるのは、電気冷蔵庫のおかげだね。

氷で冷やす冷蔵庫

氷をいれる部屋

金属がはってある

大きい氷は、氷屋さんがとどけていたんだって！

食べ物をいれる部屋

1910年ごろに登場して、1930年ごろまで使われていたんだ。暑い夏に使われたよ。

電気で冷やす冷蔵庫

冷凍室

冷凍室ができて、アイスクリームも保存できるようになったのね！

日本初の電気冷蔵庫
©東芝

1930年に電気冷蔵庫が登場。1963年には冷凍室がついた2ドア式冷蔵庫ができたよ。

洗濯をする

洗濯機ができるまでは、家事のなかで洗濯はもっとも苦労の多い力仕事だった。あらうのもしぼるのも手でおこなっていたんだ。洗濯機は、脱水や乾燥などの新しい機能が加わり、そのかたちもどんどんかわっていったんだよ。

洗濯板で手あらい

冬は水が冷たいし、しぼるのもたいへん！

石けん

たらいに水をはり、洗濯板のギザギザに洗濯物をおしつけてゴシゴシあらったんだ。

機械が洗濯する

洗濯がおわった洗濯物はここにうつしかえて脱水した

ローラー

洗濯するところ

脱水もできる二槽式洗濯機は、1960年にできたんだよ。

日本初の電気洗濯機
©東芝

1930年に電気洗濯機が登場。あらったものを一つずつローラーにはさんで脱水していたよ。

画像提供：東芝未来科学館

町の中のコンピュータ

第2章

駅や道路、スーパーなど、町の中でみんながあたり前のように見たり使ったりしているものにも、プログラムで動いているものがたくさんあるんだ。たとえば、こんなところで使われているよ。

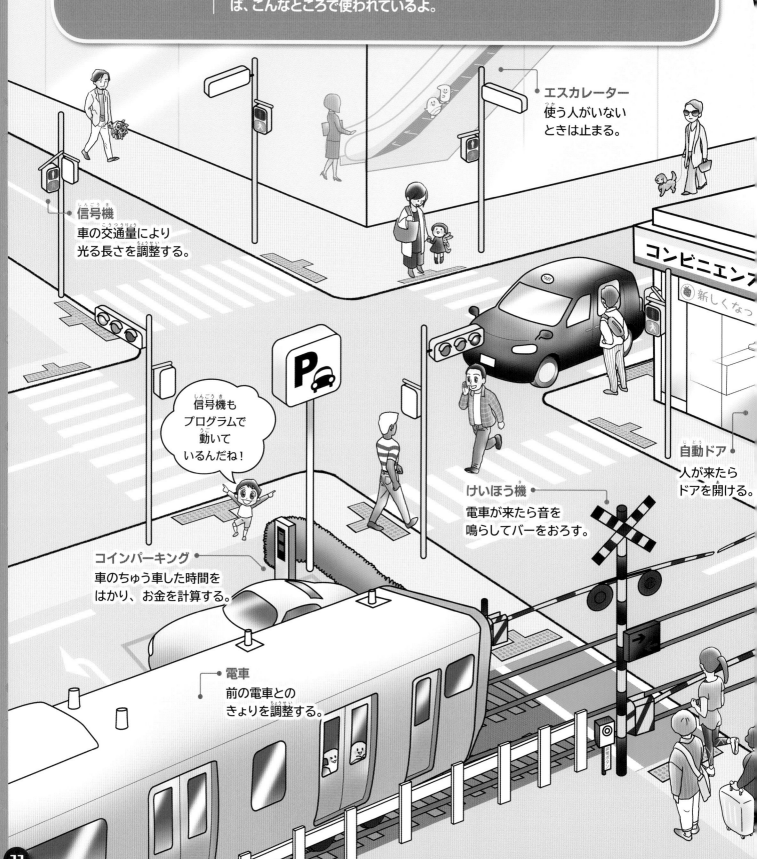

エスカレーター
使う人がいない
ときは止まる。

信号機
車の交通量により
光る長さを調整する。

信号機も
プログラムで
動いて
いるんだね!

コインパーキング
車のちゅう車した時間を
はかり、お金を計算する。

けいほう機
電車が来たら音を
鳴らしてバーをおろす。

自動ドア
人が来たら
ドアを開ける。

電車
前の電車との
きょりを調整する。

コンビニエンス

新しくなっ

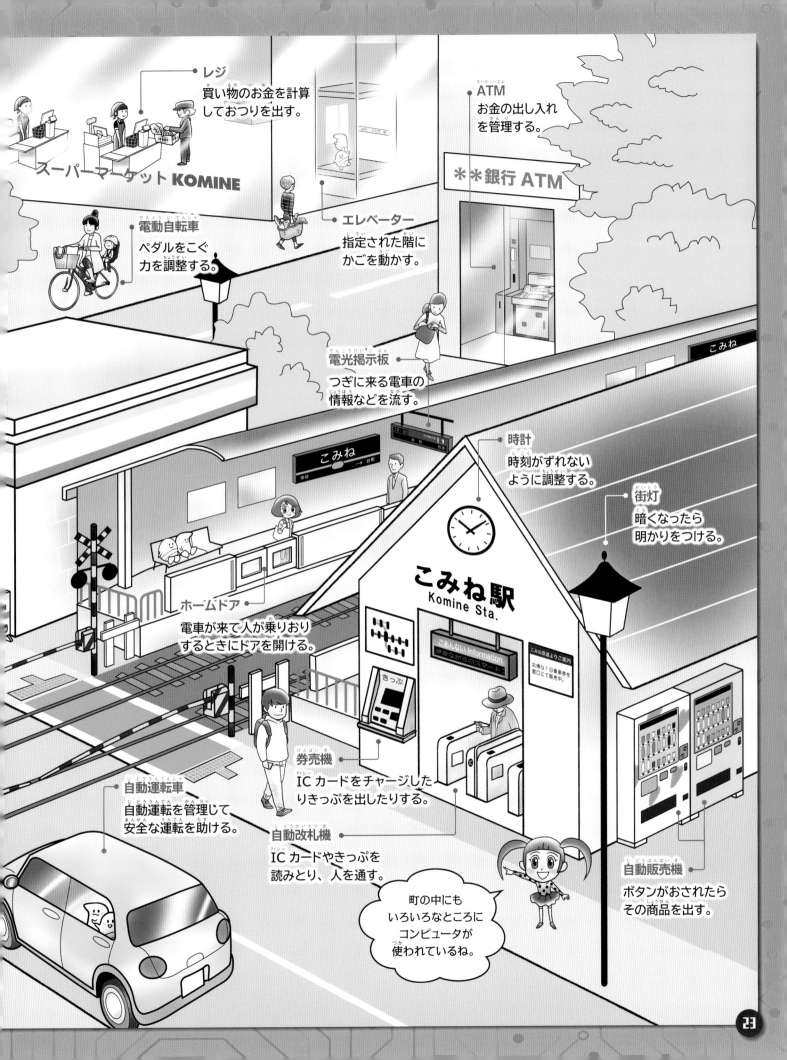

レジ
買い物のお金を計算
しておつりを出す。

ATM
お金の出し入れ
を管理する。

＊＊銀行 ATM

スーパーマーケット KOMINE

電動自転車
ペダルをこぐ
力を調整する。

エレベーター
指定された階に
かごを動かす。

こみね

電光掲示板
つぎに来る電車の
情報などを流す。

こみね

時計
時刻がずれない
ように調整する。

街灯
暗くなったら
明かりをつける。

こみね

こみね駅
Komine Sta.

ホームドア
電車が来て人が乗りおり
するときにドアを開ける。

ごあんない Information
歩きながらのスマート

こみね鉄道よりご案内
お得な1日乗車券を
窓口にて販売中。

きっぷ

券売機
IC カードをチャージした
りきっぷを出したりする。

自動運転車
自動運転を管理して
安全な運転を助ける。

自動改札機
IC カードやきっぷを
読みとり、人を通す。

町の中にも
いろいろなところに
コンピュータが
使われているね。

自動販売機
ボタンがおされたら
その商品を出す。

自動販売機

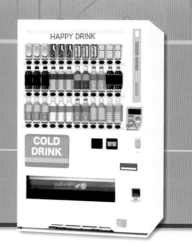

お店に行かなくても、ボタンをおすだけで商品を買える自動販売機。
みんなに身近な、飲み物の自動販売機のプログラムを見てみよう。

Check! 自動販売機には、こんなプログラムが組まれている！

● 入ってきたお金を数え、おつりをしはらう。

● 買える商品（飲み物）のボタンを光らせる。

● ボタンがおされたら、ロックをはずして商品（飲み物）を出す。

● 自動販売機の中が一定の温度になるように調整する。

省エネのために
冷やす時間なども
調整しているよ。

図解｜自動販売機のしくみ

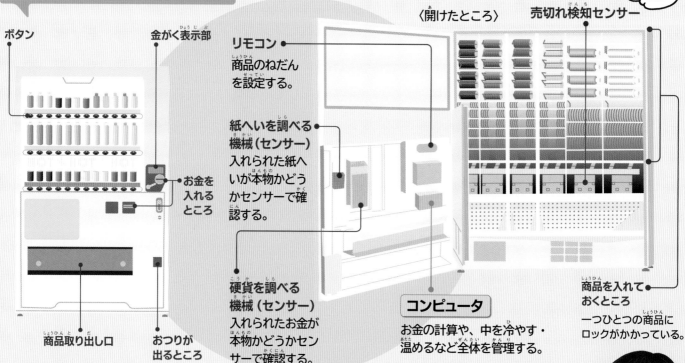

〈開けたところ〉

売切れ検知センサー

ボタン

金がく表示部

リモコン
商品のねだん
を設定する。

**紙へいを調べる
機械（センサー）**
入れられた紙へ
いが本物かどう
かセンサーで確
認する。

**お金を入れる
ところ**

商品取り出し口

**おつりが
出るところ**

**硬貨を調べる
機械（センサー）**
入れられたお金が
本物かどうかセン
サーで確認する。

コンピュータ
お金の計算や、中を冷やす・
温めるなど全体を管理する。

**商品を入れて
おくところ**
一つひとつの商品に
ロックがかかっている。

自動販売機の開発者に聞く！ —— プログラミングのみりょく

何もないところから価値を生み出せるのが、プログラミング！

　考えに考えて、新しい機能を実現することが楽しいです。今はどこにもない物
事を、自分のアイデアと技術で生み出すことができるのが、プログラミング。世
の中をかえることもできるかもしれないと思うと、夢がふくらみます！

のどがかわいたときに
自分から
近づいてきてくれる、
ロボット自販機を
つくりたいな！

パナソニック
岡田 征和さん

▶ お金を確認して商品のロックをはずす！

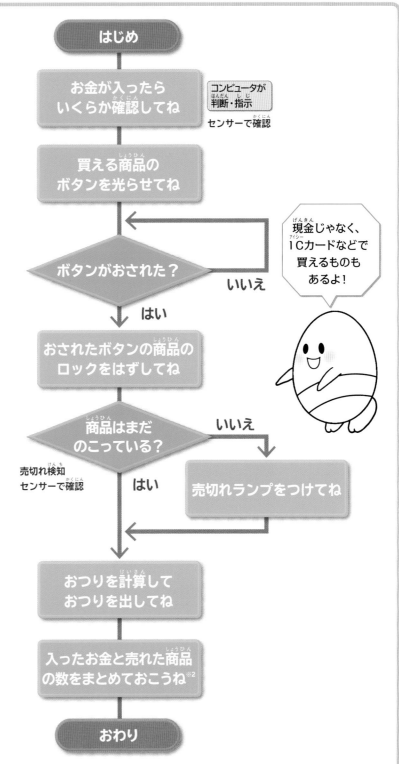

はじめ

お金が入ったら
いくらか確認してね

コンピュータが
判断・指示

センサーで確認

買える商品の
ボタンを光らせてね

ボタンがおされた？
いいえ

はい

現金じゃなく、
ICカードなどで
買えるものも
あるよ！

おされたボタンの商品の
ロックをはずしてね

商品はまだ
のこっている？
いいえ

売切れ検知
センサーで確認

はい

売切れランプをつけてね

おつりを計算して
おつりを出してね

入ったお金と売れた商品
の数をまとめておこうね※2

おわり

※1 まとめ買い（連続購入）設定がされている自動販売機の場合です。　　　　　　　※2 入ったお金と売れた商品の全体の数を計算してまとめます。

エレベーター

階段やエスカレーターもあるけれど、高い階に行くにはやっぱり便利なエレベーター。人を運ぶだけでなく、安全もきっちり考えられているよ。

©日立ビルシステム

Check!

エレベーターには、こんなプログラムが組まれている！

- ボタンがおされたら、よばれた階に移動してかごを止め、ドアを開ける。
- かごの中でボタンがおされた階に、かごを止めて、ドアを開ける。
- かごの重さを感知して、乗りすぎのときはブザーで知らせる。
- ドアが完全に閉まってから、かごを移動する。

人が乗って動くところを「かご」というよ。

図解｜エレベーターのしくみ

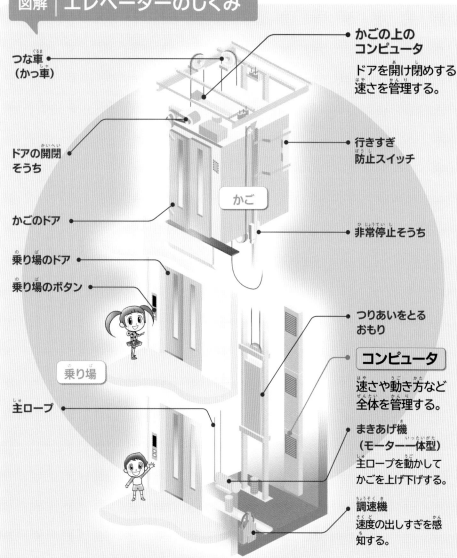

- つな車（かっ車）
- かごの上のコンピュータ
  ドアを開け閉めする速さを管理する。
- ドアの開閉そうち
- 行きすぎ防止スイッチ
- かごのドア
- かご
- 非常停止そうち
- 乗り場のドア
- 乗り場のボタン
- つりあいをとるおもり
- 乗り場
- **コンピュータ**
  速さや動き方など全体を管理する。
- 主ロープ
- まきあげ機（モーター一体型）
  主ロープを動かしてかごを上げ下げする。
- 調速機
  速度の出しすぎを感知する。

エレベーターの開発者に聞く！
—— プログラミングのみりょく

「もしも」のためのプログラムもたくさんつくる！

　エレベーターは、災害などのときにはたらく機能がとても多いんです。もちろん使わないほうがいいのですが、安全のためにはかかせません。故障しても乗客をかごに閉じこめることのないようなエレベーターをつくりたいですね。

ほかの人がくふうしてつくったプログラムを見ることも楽しいですよ。勉強にもなります。

日立ビルシステム
中村 元美さん

▶ かごが決められた重さをこえていないか調べる!

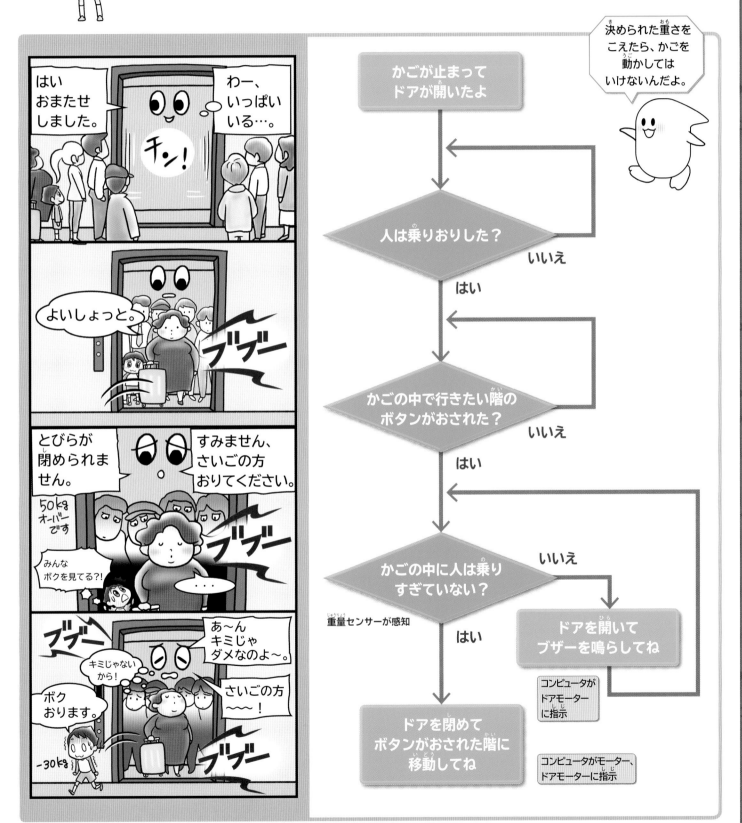

※全体のフローチャートから一部の動きについてぬき出しているため、「はじめ」と「おわり」のブロックは入っていません。

自動改札機

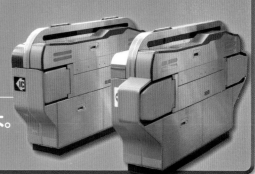

駅の改札では、昔は駅員さんがきっぷにはさみを入れていたんだよ。
今のように自動改札ができたのは、コンピュータのおかげだよ。

Check! 自動改札機には、こんなプログラムが組まれている！

- ICカードやきっぷを読みとり、通していいか判定して、ドアを開け閉めする。
- ICカードには情報を書きくわえ、きっぷにはあなを開けたり回収したりする。
- 乗った駅からおりた駅までの運賃を計算する。
- 小さい子どもも感知して、安全に通れるようにドアを開け閉めする。

> 日本の
> 自動改札機は
> 1分間に70人も
> 通れて、世界でも
> トップクラスなんだ！

図解｜自動改札機のしくみ

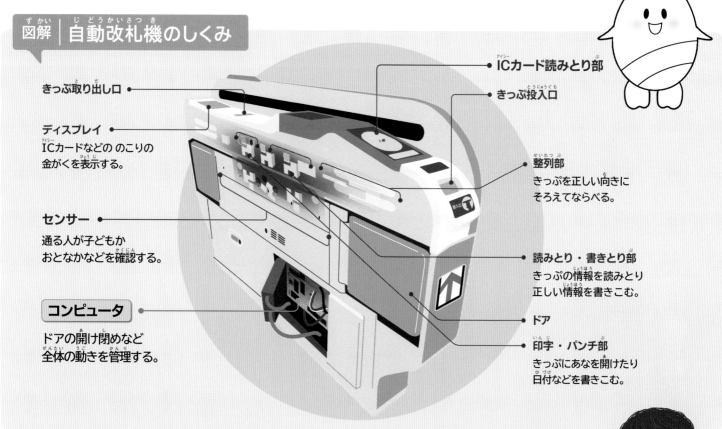

- きっぷ取り出し口
- ディスプレイ
  ICカードなどの のこりの
  金がくを表示する。
- センサー
  通る人が子どもか
  おとなかなどを確認する。
- コンピュータ
  ドアの開け閉めなど
  全体の動きを管理する。
- ICカード読みとり部
- きっぷ投入口
- 整列部
  きっぷを正しい向きに
  そろえてならべる。
- 読みとり・書きとり部
  きっぷの情報を読みとり
  正しい情報を書きこむ。
- ドア
- 印字・パンチ部
  きっぷにあなを開けたり
  日付などを書きこむ。

自動改札機の開発者に聞く！ ── プログラミングのみりょく

「思ったとおり動いた！」 そのうれしさと楽しさがみりょくです。
ICカードなど、新しいカードが登場するので、その変化に対応していくのが
たいへんです。プログラムが思いどおりに動かないと、どうしてダメだったのか
必死で考えます。いろいろためしてやっと動いたときは、本当にうれしいです。

> 自動改札機を
> 通るときに、人気の
> アニメやゲームの音を
> 鳴らすプログラムを
> つくることもあります。

日本信号
浅見 賢太郎さん

▶ ICカードやきっぷの情報を読みとる!

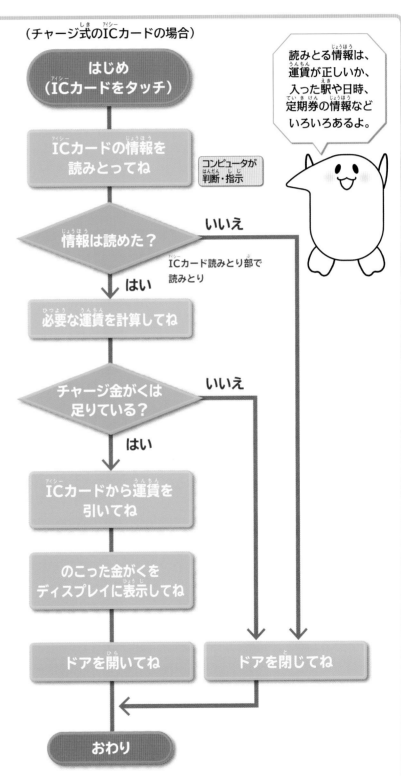

（チャージ式のICカードの場合）

読みとる情報は、運賃が正しいか、入った駅や日時、定期券の情報などいろいろあるよ。

はじめ（ICカードをタッチ）

ICカードの情報を読みとってね

コンピュータが判断・指示

情報は読めた？ → いいえ

ICカード読みとり部で読みとり

はい

必要な運賃を計算してね

チャージ金がくは足りている？ → いいえ

はい

ICカードから運賃を引いてね

のこった金がくをディスプレイに表示してね

ドアを開いてね

ドアを閉じてね

おわり

災害がおきたらどうするの？

～「もしも」にそなえたプログラム～

みんなの安全を
守るための
プログラムやくふうを
見てみよう！

地震などの災害がおきたとき、町の中のコンピュータは、どうなるだろう。
実は、町で多くの人たちがあたり前のように使っている設備には、「もしも」の
ときのためにつくられたプログラムをもつものが、たくさんあるんだ。

自動販売機

町のいろいろな場所にある自動販売機は、災害がおきたときに、人びとを助ける役割を
期待されている設備の一つだ。機種によって、さまざまなくふうがされているよ。

● 「もしも」のときに役だつくふうの例

**電光掲示板で
災害情報を流す**

地震などの災害がおこ
ると、いちはやく災害
情報やニュースを電光
掲示板で流して、人び
とにつたえるよ。

**発電用のレバーが
ついている**

停電しても、レバーを
まわすことで、電気を
つくれる自動販売機も
あるよ。スマートフォ
ンの充電もできる！

**飲み物を
無料で提供**

停電すると、バッテリー
（電池）での運転に切
りかわる。もしものと
きには、中の飲み物を
取り出せるよ。

地震！9時25分A県

非常用
BATTERY

ぐるぐるまわして
電気がつくれる
なんてすごい！

みんなが
取れるように、
全部の商品の
ランプが
つくんだね。

災害のときのプログラムの例

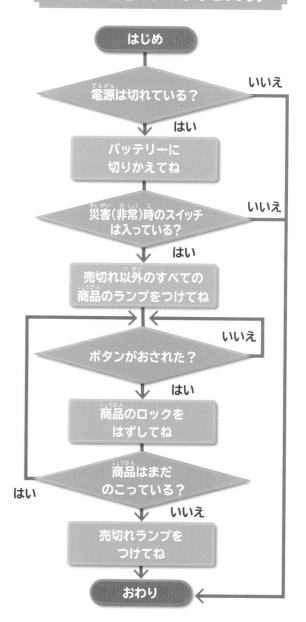

はじめ
↓
電源は切れている？ ──いいえ→
↓ はい
バッテリーに
切りかえてね
↓
災害（非常）時のスイッチ
は入っている？ ──いいえ→
↓ はい
売切れ以外のすべての
商品のランプをつけてね
↓
ボタンがおされた？ ──いいえ→
↓ はい
商品のロックを
はずしてね
↓
商品はまだ
のこっている？ ──はい→
↓ いいえ
売切れランプを
つけてね
↓
おわり

※イラストはいろいろなくふうを１台にまとめた、実際にはない自動販売機です。
すべての自動販売機にここでしょうかいしたくふうが、されているわけではありません。

エレベーター

エレベーターに乗っているときに、地震がおきたらどうなるだろう。エレベーターには、地震のゆれを感じとる感知器がついていて、強くゆれる前の、わずかなゆれを感じとると、いちばん近くにある階までかごを移動して止まるようになっているんだ。

地震のときのプログラムの例

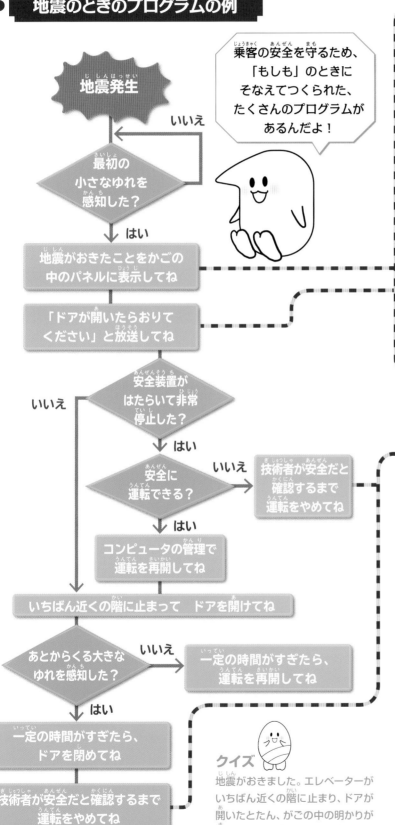

地震発生

乗客の安全を守るため、「もしも」のときにそなえてつくられた、たくさんのプログラムがあるんだよ！

◇ 最初の小さなゆれを感知した？ → いいえ（地震発生へもどる）

はい ↓

地震がおきたことをかごの中のパネルに表示してね

「ドアが開いたらおりてください」と放送してね

◇ 安全装置がはたらいて非常停止した？ → いいえ

はい ↓

◇ 安全に運転できる？ → いいえ → 技術者が安全だと確認するまで運転をやめてね

はい ↓

コンピュータの管理で運転を再開してね

いちばん近くの階に止まって　ドアを開けてね

◇ あとからくる大きなゆれを感知した？ → いいえ → 一定の時間がすぎたら、運転を再開してね

はい ↓

一定の時間がすぎたら、ドアを閉めてね

技術者が安全だと確認するまで運転をやめてね

ドアが開いたらおりてください

おちついて！近くの階でドアが開くからおりるわよ。

ママ、地震!?

地震です 近くの階まで運転します

↓ 2

クイズ

地震がおきました。エレベーターがいちばん近くの階に止まり、ドアが開いたとたん、かごの中の明かりが消えました。どうしてでしょう？

→答えは47ページ

● チェックするところの例

強いゆれによって、運転が止まってしまった場合は、ふだんとちがうおかしなところがないか、コンピュータが自動でチェックして運転を再開する機能もあるよ。

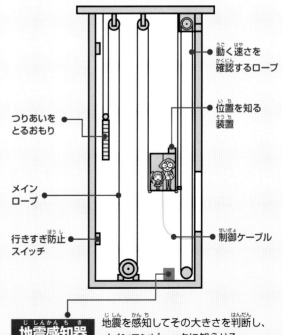

- 動く速さを確認するロープ
- 位置を知る装置
- つりあいをとるおもり
- メインロープ
- 制御ケーブル
- 行きすぎ防止スイッチ

地震感知器　地震を感知してその大きさを判断し、メインコンピュータに知らせる。

近未来のコンピュータ

第3章

現代のめざましい技術の進歩は、わたしたちの社会や生活に、今までにない可能性をもたらしている。最先端で活躍するコンピュータを見ながら、プログラミングでどんな新しいことができるか、考えてみよう。

これからもどんどん すごいものが生まれるんだろうね。

自動販売機もそのときの気分にぴったりのジュースが出てきたりしてね。

アナタは今さわやかになりたい気分ですね

コレをどうぞ。

ピピピ♥

ガコン

うん!

こんなかんじ。

ちょうどこんなソーダ飲みたかった!

うーん、何を飲むか決められないときはいいかも。

ケイはどんなコンピュータがほしい?

ベッドがゆれて音楽が鳴ってやさしく起こしてくれるの。

7時ですよ起きてくださ〜い

パチ

ドローン

遠い場所からでも操作でき、人が行きづらい場所も、空から活動できる
無人の飛行機、ドローン。さまざまな分野で活用が期待されているよ。

©DJI JAPAN　MAVIC2 ZOOM

Check!

ドローンには、こんなプログラムが組まれている!

- センサーの情報をもとに、自分の位置やまわりのようすを知る。
- 操縦者の指示にしたがって移動する。
- 障害物を見つけたら、さけて進む。
- 撮影するものや人を見わけて、追いかける。

ドローンは英語で
「オスのみつばち」を
意味するよ。
飛ぶときの音が
にているんだ。

図解 | ドローンのしくみ

裏

ビジョンセンサー　　　　　赤外線センサー

ビジョンセンサー

赤外線センサー

表

GPS
自分が今いる位置
を知る。(内部)

赤外線センサー
障害物にぶつからない
ためのセンサー。

コンピュータ
フライトコントローラー
とよばれ、すべての動き
を管理する。(内部)

モーター

ズームカメラ

ビジョンセンサー
障害物にぶつからない
ためのカメラとセンサー。

プロペラ
プロペラが3まい以上あるドローンは
「マルチコプター」とよばれ、
いちばん種類が多い。

すごーい!上下と
前後左右、全部の面に
障害物にぶつかるのを
ふせぐための
センサーがあるのね!

ドローンの開発者に聞く! —— プログラミングのみりょく

プログラミングで新しい世界をきりひらく!

　今ぼくがしている仕事は、今までに同じような例がないので、自分で考えて道を
つくっていきます。とてもたいへんですが、たとえば、土地の広さや高さなどをは
かる測量用のドローンを開発できたことは、うれしかったです。

子どものときから
ものづくりが大好きで、
車やバイクの模型を
よくつくっていたよ!

DJI JAPAN
エリック シュ さん

どうやって
目的地(もくてきち)まで
飛(と)ぶの?

プログラムの例(れい)

▶ 指示(しじ)されたルートを飛行(ひこう)する!

ドローンです。
空の上から
町のようすを
撮影(さつえい)して
いるんです。

ズームでお店や
人をもっと
大きくとるよ。

あ、
ドローンだ!

あ、
来ないで!

どこ行くん
だろう、
追(お)いかけよう!

おーい
どこ行くの〜。

きみたちばっかり
うつっちゃうよ!

きみたちが
うつらないところに
行くんだよ〜!

ダッダッダッダッダッ

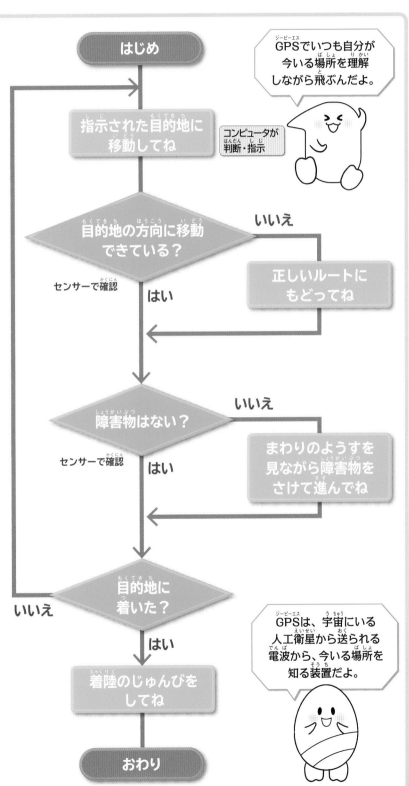

はじめ

GPS(ジーピーエス)でいつも自分が
今いる場所(ばしょ)を理解(りかい)
しながら飛(と)ぶんだよ。

指示(しじ)された目的地(もくてきち)に
移動(いどう)してね

コンピュータが
判断(はんだん)・指示(しじ)

目的地(もくてきち)の方向(ほうこう)に移動(いどう)
できている?　　　いいえ

センサーで確認(かくにん)　　はい

正しいルートに
もどってね

障害物(しょうがいぶつ)はない?　　いいえ

センサーで確認(かくにん)　　はい

まわりのようすを
見ながら障害物(しょうがいぶつ)を
さけて進(すす)んでね

目的地(もくてきち)に
着(つ)いた?
いいえ　　　　はい

着陸(ちゃくりく)のじゅんびを
してね

GPS(ジーピーエス)は、宇宙(うちゅう)にいる
人工衛星(じんこうえいせい)から送(おく)られる
電波(でんぱ)から、今いる場所(ばしょ)を
知る装置(そうち)だよ。

おわり

▶ ドローンってどんなもの?

ドローンは、はなれたところからコントローラーで動かすことができる、無人の飛行機のこと。
手のひらにのるくらい小さなものから、たてと横が150cmほどの大きなものまであるよ。

どうやって飛ばすの?

設定すれば決められたルートを自動で飛ぶこともできるよ。

操縦者が、コントローラーの画面を見ながら操作するよ。

どこで飛ばせるの?

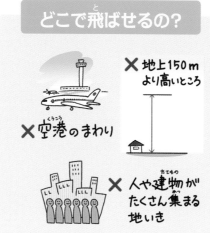

✕ 地上150mより高いところ

✕ 空港のまわり

✕ 人や建物がたくさん集まる地いき

飛ばしてはいけない場所が、法律や市町村などで決められているよ。

だれでも飛ばせるの?

安全に操縦するには、ルールやマナーなども知る必要があるよ。

大人といっしょに遊ぼうね

ドローンを操縦するには、免許や資格はいらないよ。

▶ たくさんの分野で活躍が広がっている!

ドローンは趣味で飛ばすこともできるけれど、きけんな作業や、
人が行けない場所での作業をはじめ、いろいろな分野でその力がもとめられるようになってきたよ。

農業

センサーで温度を感知して、人の目では見つけられない虫や、屋根にあるひびも見つけるんだ。

田畑の上から農薬をまいたり、作物の育つようすを撮影して確認する。

測量(土地のようすを調べる)

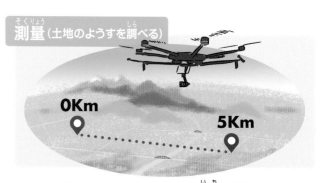

0Km

5Km

土地の広さや高さ、かたちや位置などをくわしく調べて正確な地図をつくる。

建物の点検

太陽光パネルや、高いビルの屋根などにひびなどがないか調べる。

ニュース

ヒツジを乗せたトラックが

NEWS LIVE

空から撮影するニュースの映像も、ヘリコプターを使わないでかんたんに撮影する。

▶ ドローンの活躍が未来をかえる！

ドローンのもつ技術は、ほかにもたくさんの活躍が期待されているよ。
実際にできるかどうか、すでにいろいろな実験がおこなわれているんだ。

> このほかにも
> ドローンでどんなことが
> できたらいいか、
> 想像してみてね！

運ぶ

宅配サービスが広まれば、すぐにほしいものも、
短い時間でとどけてもらえるよ。

災害がおきたとき、必要なものを
すばやく運べると心強いね。

いのちを助ける

> 空から品物が
> とどくなんて、
> ワクワクする！

> ドローンてすごい！
> 災害や事故で
> こまっても、
> 空から助けて
> くれるなんて
> 心強いね。

山や海ではぐれたり、事故にあった人をさ
がすよ。暗い夜でもさがせるし、救助の人
が着く前に医薬品を運ぶこともできる。

調べる

撮影する

火事がおきたときに上から撮影すれば、どこに水を
かけると火が早く消えるかなどを調べられる。

旅行や結婚式など、大切な思い出をのこしたいと
き、迫力ある動画をのこせるね。

自動運転車
<small>じどううんてんしゃ</small>

AI（人工知能）が、運転の状況を判断しながら走る自動運転車。
人が運転しない自動車が町じゅうを走る未来が近づいているよ。

©日産自動車　スカイライン

Check!
最新の自動運転車には、こんなプログラムが組まれている！

- エンジンやブレーキなどが、最もよいはたらきをするように調整する。
- 前を走る車とのきょりをちょうどよいきょりにたもち、一定の速さで走る。
- おそい車に追いついたら、運転者に知らせる。運転者がボタンをおしたら、追いこし車線に移動する。

高速道路などの
決められた区間で
人が運転するのを助ける
自動運転車が、すでに
走っているよ。

※2020年1月の時点

図解｜自動運転車（レベル2）のしくみ

※自動運転車のレベルについては40ページを見てね。

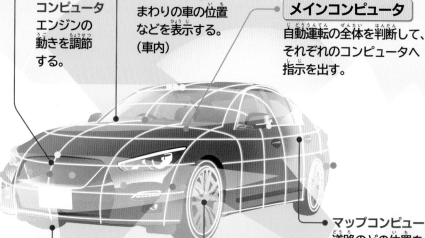

センサー

- **フロントカメラ（3こ）**
  車や車線のようすを調べる。
- **フロントレーダー**
  前にいる車との
  きょりなどを調べる。
- **サイドレーダー（4こ）**
  となりの車線の
  車のようすを調べる。
- **ソナー（12こ）**
  AVMカメラ（4こ）
  車のまわりの
  ようすを調べる。
- **ドライバーモニター**
  運転者のようすを
  確認する。（車内）

センサーの中にも
コンピュータが
入っていて、つねに
情報を整理しながら
メインコンピュータに
知らせているよ。

- **エンジン
  コンピュータ**
  エンジンの
  動きを調節
  する。

- **ディスプレイ**
  まわりの車の位置
  などを表示する。
  （車内）

メインコンピュータ
自動運転の全体を判断して、
それぞれのコンピュータへ
指示を出す。

**ステアリング
コンピュータ**
タイヤの角度を調節する。

ブレーキコンピュータ
ブレーキの
動きを調節する。

マップコンピュータ
道路のどの位置を
走っているかを知る。

自動運転車の開発者に聞く！ ── プログラミングのみりょく

プログラミングは「算数」といっしょ！

　プログラミングの楽しさは、人それぞれ。ぼくは子どものころ、算数が大好きで、むずかしい問題を何日も考えてといたりしていました。ぼくにとってプログラミングは、一生けんめい考えて楽しく問題をとく「算数」みたいなものです！

自動運転車が
広まったら
お父さんやお母さんの
運転も楽になるから、
家族旅行が
ふえるかな!?

日産自動車
大埜 健さん

自動運転って
たとえば
どんなことを
しているの？

プログラムの例

▶ 前を走る車とのきょりをちょうどよくたもつ！

ついにうちの車も自動運転だ！ ママ、運転してみる？

久しぶりだけどね。

はじめまして。よろしく！

キャッ！前の車がスピードを落としたわ！

だいじょうぶ！きょりをちょうどよくたもってスピードを落とします。

わ！上手にカーブまがれたわ！苦手だったのに！

車線からはみ出さないよう車の向きを調整します。

すごい！わたし運転うまくなってる！

自動運転でもよそ見しないでください！！

車のおかげだよ…。

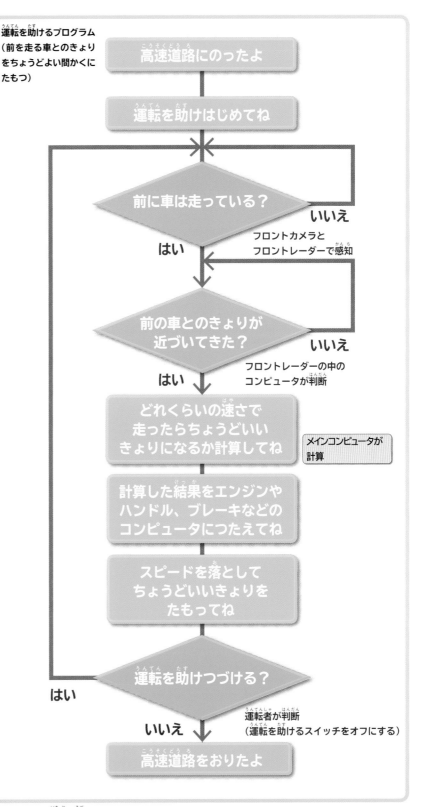

運転を助けるプログラム
（前を走る車とのきょりをちょうどよい間かくにたもつ）

高速道路にのったよ

運転を助けはじめてね

前に車は走っている？ → いいえ
フロントカメラとフロントレーダーで感知

はい

前の車とのきょりが近づいてきた？ → いいえ
フロントレーダーの中のコンピュータが判断

はい

どれくらいの速さで走ったらちょうどいいきょりになるか計算してね
メインコンピュータが計算

計算した結果をエンジンやハンドル、ブレーキなどのコンピュータにつたえてね

スピードを落としてちょうどいいきょりをたもってね

運転を助けつづける？

はい

いいえ
運転者が判断（運転を助けるスイッチをオフにする）

高速道路をおりたよ

※全体のフローチャートから一部の動きについてぬき出しているため、「はじめ」と「おわり」のブロックは入っていません。

▶ 自動運転車ってどんなもの？

自動運転車は、性能によって4つのレベルに分けられているよ。
日本では、2020年1月時点では、レベル2までの車が販売されているよ。

レベル1　ぶつからないための自動ブレーキなど

ハンドル、アクセル、ブレーキのどれかひとつはAI（人工知能）におまかせ！

レベル2　高速道路などで人の運転を助ける

車線変更や車間きょりの調整などの多くの操作をAIにおまかせ！

レベル3　緊急時だけ人が運転する

ハンドル、アクセル、ブレーキすべてAIにおまかせ！

レベル4　AIによる完全な自動運転

人はまったく運転しないよ。

▶ 自動運転車が走る未来

国は、レベル4の完全な自動運転車が近い将来、高速道路で実際に走るよう、めざしているよ。
安全に走るためにはまだ課題はたくさんあるけれど、技術的には、もう実現の一歩手前まできているんだ。
みんなが自動運転車に乗る未来は、どんどん近づいているよ！

みんなは、どんなものにどんなプログラムをしてみたらいいと思う？

身近なことから考えてみてね！きみのえがいたイメージが、世界をかえるかもしれないよ！

もっと知りたい！ プログラミング

さまざまな分野で活躍するAI

技術の進歩がとてもはやい現代では、今までのコンピュータにはむずかしかったことが、どんどんできるようになってきました。その主役が、AI（人工知能）です。AIは、今までコンピュータが苦手としていた、「考える」ことができるコンピュータです。身近なところでも、たくさんの分野で活用されるようになっています。

「機械学習」にもとづくAI

人間の頭脳のはたらきを、機械におこなわせるAI（人工知能）の研究は、コンピュータが生まれたころからおこなわれていました。最近、急速に広がっているのは、「機械学習」にもとづく新しいAIの技術です。

「機械学習」とは、ぼう大なデジタルデータをコンピュータに学習させるしくみです。今まで、人間が細かく分析して、プログラミングする必要があったものを、機械学習をさせることで、コンピュータみずからが学習した内容にひそむ決まりやとくちょうを見つけだすことができるようになってきたのです。人間の目では読みとりきれない画像を見分けたり、データにもとづいた、冷静でより細かい分析をおこなうことが期待できます。

AIは、みずから認識、学習、判断、推測といった処理をおこないながら、そのときの相手や状況にあわせて対応しているのです。

ロボット掃除機やドローンも、AIとして活躍している。

身近にあるAIのしくみの例

◉指紋や顔を見分ける

身近なおとなが、自分の指紋や顔をパソコンやスマートフォンに見せたりかざしたりしているのを見たことがある人もいるかもしれませんね。指紋や顔を見せることで、持ち主が自分であることをAIに確認させているのです。AIが持ち主の顔や指紋を見分けることで、ドアのかぎを開けたり、パソコンやスマートフォンのロックをはずして、使えるようにしたりします。

◉人のことばを理解してこたえる

スマートスピーカーなど、人の問いかけにこたえてくれる機械も、AIを利用した新しいしくみです。AIスピーカーともよばれています。問いかけられたことばをすばやく理解して、相手ののぞむ情報をデータの中からさがし、つたえたり、実行したりします。

◉多言語の通訳もスマートフォンで

AIがあつかえるのは、わたしたちが使う日本語だけではありません。英語をはじめ、世界中で使われているさまざまな言語を理解できるようになってきています。このAIを活用して、スマートフォンで使える、同時通訳機能のしくみもできました。

今、日本には、多くの外国の人たちが観光や仕事で訪れています。話すことばがちがっても、手元のスマートフォンのAIをとおして、その人たちと細やかなコミュニケーションができるようになってきています。

AI（エー アイ）

農業（のうぎょう）

農業の分野では、少子高齢化により、これからのにない手となる若い人たちが少なくなっていて、はたらく人が足りず、高齢で作業にあたる農家の人たちをどう手助けしていけるかが、大きな課題となっています。その解決に一役買っているのが、AIの活用です。

●野菜を収穫するAIロボット

農業では、人の手が必要な作業がたくさんあります。こうした作業を直接手助けする、AIの利用もはじまっています。

アスパラガスやトマトなどの野菜は、成長する早さが一つひとつちがうため、人が一つずつたしかめてから、収穫するかどうかを決めています。それらの野菜が、ちょうどよい収穫時期かどうかを見分けるAIがあ

れば、うで（アーム）型ロボットの技術と組みあわせることで、収穫するかどうかの判断から、実際に収穫するまでを人の代わりにおこなうロボットがつくれます。

神奈川県鎌倉市のベンチャー企業では、野菜をちょうどよい時期に収穫できる、自動野菜収穫ロボットを開発しました。ロボットには赤外線センサーがついていて、アスパラガスの長さなどを感知して、収穫できるかどうかを見分けます。第1号のロボットは、佐賀県のアスパラガスの農家で活躍しています。腰をかがめておこなう収穫の作業は、とても重労働ですが、ロボットは充電をすれば、10時間もの長い時間、つづけて作業ができるので、農家の人たちの大きな助けになります。

このAIロボットを導入したことで、アスパラガスの農家の人たちは、今まで農作業にあてていた時間の一部を使って、これまでなかなかできなかった販売の活動などもできるようになったといいます。

これからは、いちごやきゅうり、ピーマン、なすなど、収穫できる野菜の種類をふやしていき、ロボットが集めるデータを、害虫の発見や野菜の病気の予防にも役立てていく計画です。近い将来、世界で1万台のロボットが、農家を助けていることが目標です。

ロボットのうでが、アスパラガスをしっかりつかんでかり取る。あらかじめ設定されたルートを自動で進みながら、収穫してよいかどうかを一つひとつ見分けている。

かり取ったアスパラガスは、うでの向きをかえて、前のかごに入れていく。かごがいっぱいになったら、農家のスマートフォンに知らせるしくみになっている。

●放牧している牛をAIで管理

　酪農の分野でも、AIが活躍しています。

　たとえば、放牧している牛を集めるために、ドローンを活用している例があります。ドローンは空から牛のいる位置を確認して、牛に近づき、音を鳴らします。寝ている牛もこの音で起きあがり、一か所に集まるのです。ほかにもドローンは、牧草地をとりかこむ「さく」などがこわれていないか点検する作業も、人に代わっておこなっています。

ドローンの活躍により、人は広大な牧草地を歩きまわって牛を集めなくてもよくなった。

　また、子づくりの時期をみきわめて、子牛が生まれふえることを助けるAIも、開発されています。

　北海道の会社では、牛の首にセンサーをつけることで、一頭一頭の牛がどんな活動をしているかを、くわしく感知するしくみをつくりました。牛の活動のデータを、昼も夜も、一日中集めて、体調の変化などを分析します。そのデータから、子づくりの時期が近づいた牛や、病気にかかりそうな牛などをみきわめて、農家の人たちに知らせてくれます。毎日の牛の健康の管理にも、データが活用されます。夜などの、人が牛のそばにいることができない時間でも、AIが牛を見守ってくれることで、牛の体調や命までも守ることができるのです。

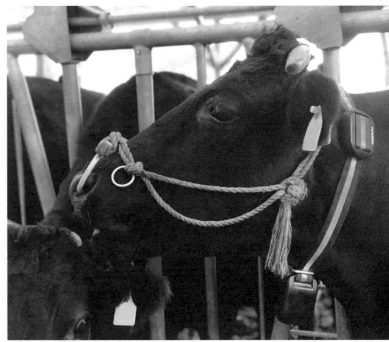

首のまわりにセンサーをつけている牛。農家の人たちは、パソコンやタブレット、スマートフォンで、いつでもデータを見ることができる。このしくみを利用する全国の農家では、子牛が生まれる数がふえたり、牛が病気になったり、症状が重くなったりする前に発見できることがふえている。

●広がる「スマート農業」

　そのほかにも、広大な畑で育てられる野菜をドローンで撮影し、生育のよくないものを画像から確認するシステムや、牛やブタなどの家畜の健康状態をみていくシステムなど、新しい農業の方法としてAIの活用が広がっています。こうしたAIなどの先端技術を活用した農業は「スマート農業」とよばれ、いろいろな場面で活用されるようになっています。

日本の農業は、たずさわる人の数がどんどんへっているんだ。こうした現場を助けるAIの技術が、つぎつぎと開発されているよ。

災害対応

日本は、みなさんも知っているように、地震や台風といった自然災害の多い国です。学校でも、いろいろな避難訓練をしていますね。

実際に災害がおきてしまったときに、その被害を少しでもへらし、人びとの安全を守るためにも、AIが活躍しはじめています。

●災害時にたよれるAIアナウンサー

地震や台風などの災害がおきたとき、人工の音声で災害にかかわる情報をつたえ、アナウンサーとして活躍するAIがあります。被災した人たちにとって、被害のようすはどのようになっているのか、生活にかかせない薬やオムツなどの日用品はどこで手に入るのかなど、知りたい情報はたくさんあります。しかし、人のアナウンサーがつたえつづけるには、時間にもかぎりがあります。そこで、つかれ知らずのAIアナウンサーが考え出されたのです。

つたえたい内容をデータで入力することで、AIアナウンサーは、同じ文章を何回でもくりかえして語りつづけることができます。

2018年9月に、台風21号が和歌山県をおそったときは、市内の90%が停電し、高潮でも大きな被害がでました。このとき、地元のラジオ局は、すべての番組を中止して、人とAIのアナウンサーが、交代しながら災害にかかわる情報をつたえつづけました。ラジオをつけると、いつでも災害情報が聞けることは、被災した人たちにとって、とても心強いことです。

AIは、災害の危険がせまっても放送しつづけられる、という利点もあります。人のアナウンサーがその場にいることができない場合でも、AIアナウンサーは、24時間、休みなく放送をしつづけることができるのです。つたえたいことがふえたり、かわったりしたら、入力している文章を直すことで、読みあげる内容をかえることができます。声の種類は、男の人の声ににせたり、女の人の声ににせたりと、とくちょうをつけることもできます。また、必要があれば、とちゅうで、録音した人の声を入れることもできます。

今では、災害のときのほか、ふだんの放送のときにも、早朝や夜おそくの時間に天気予報やニュースなどをAIアナウンサーが読みあげることもあり、日々の生活の中でも活躍しています。

災害用放送システムの画面には、AIアナウンサーが読みあげる文章が表示される。日本語だけでなく、英語や中国語、ポルトガル語など、29か国語の文章に自動でおきかえて、放送することができる。

調査・研究

　AIの活用は、研究の分野でも新たな発見や、研究者の人たちを手助けする役割ができるようになってきました。AIという技術が応用できる分野が、とても多いことのあらわれでもあります。

●未知のナスカの地上絵を発見するAI

　地上からでは、何がえがかれているのかわかりにくいほど巨大な「ナスカの地上絵」を知っている人も多いかもしれません。南アメリカのペルーにあるこの地上絵にはまだなぞが多いのですが、そもそもどれくらいの種類の絵が、どこに広がっているのかを調べるのはとてもたいへんです。

　山形大学の研究チームは、長年このナスカの地上絵を調査しています。新しい地上絵を発見する一方で、地上絵が広がる地区を撮影して、画像データをつくっています。

　このデータはあまりにも大量なので、人間の目で検証していくのはとてもむずかしく、長い時間を必要とします。そこで、このデータの一部をAIに学習させて、地上絵に共通するパターンをみちびき出し、さらに、現地の空から撮影した写真をAIに読みこませて、まだ発見されていない可能性がある地上絵の候補を出して分析する試みをおこないました。その結果、今まで見つかっていなかった地上絵と思われるものを発見したのです。その後、実際に現地をドローンで撮影し、最後に歩いて調査をおこない、確認されたのです。

　この新しい地上絵は、今まで見つかっていたものよりも大きさが小さく、画像のデータから見分けるのはとてもむずかしいということです。AIを利用することで、こうした発見に必要とする時間がはるかに短くなったことは、AIがとても役に立ったあかしでもあります。

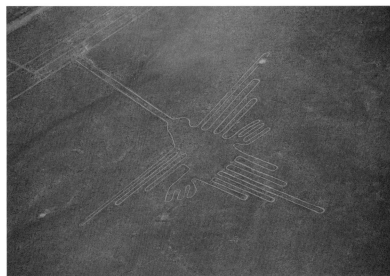

「ナスカの地上絵」は、南アメリカのペルーの台地の地面にたくさんえがかれた、巨大な図形や動物、植物の絵。今からおよそ1500～2000年前にえがかれたとされ、大きいものは300mちかくもある。1926年に、はじめて発見された。この写真の地上絵は、全長が約96mあり、ハチドリがえがかれている。

0　　　　2m

AIによって新しく発見された、全長が約5mの地上絵（左）と、それを図にかきおこしたもの（右）。2本足で立ち、棒のようなものを持つ人のような絵がえがかれている。今から2000年前ころにえがかれ、道しるべとして使われていたと考えられている。（山形大学提供）

さまざまな分野で活躍^{かつやく}する AI^{エーアイ}

学習^{がくしゅう}

みなさんの生活の中で大きな時間をしめているのが、いろいろな分野の新しいことがらを学んでいくことです。学校のほかに、塾^{じゅく}や習^{なら}い事^{ごと}に行っている人もいるでしょう。そのような学習^{がくしゅう}の分野でも、AIの活用がはじまっています。

◉勉強^{べんきょう}の方法^{ほうほう}をアドバイスしてくれるAI^{エーアイ}

みなさんが取^とりくんでいる学校の勉強も、学年が上がるにつれて、だんだんおぼえたり、練習^{れんしゅう}することがふえていきますね。学習^{がくしゅう}を進^{すす}める中で、少し苦手^{にがて}な内容^{ないよう}がでてきたら、どうやって勉強^{べんきょう}したらいいかなやむときもあるでしょう。

学校や塾の先生は、もちろんみなさんのことをよく見てくれています。しかし、勉強^{べんきょう}がどれくらい身^みについているかを細かく知るのは、なかなかたいへんです。

こうしたきめ細かい学習^{がくしゅう}の場面^{ばめん}でも、AI^{エーアイ}を活用する新しい技術^{ぎじゅつ}が開発^{かいはつ}されてきています。タブレットを使^{つか}ってアプリで勉強^{べんきょう}すると、学習^{がくしゅう}した内容^{ないよう}がどれくらい身^みについているかや、どうしたらもっと理解^{りかい}が進^{すす}むかを、AI^{エーアイ}が分析^{ぶんせき}してアドバイスしてくれるのです。実験的^{けんてき}に導入^{どうにゅう}した塾^{じゅく}や教室では、とても大きな成果^{せいか}をあげているそうです。

◉かわいいロボットといっしょに楽しく学ぶ

タブレットのようなコンピュータだけでなく、ロボットにいろいろなことを習^{なら}う時代^{じだい}が来るかもしれません。

ロボットを目^めにする機会^{きかい}は、ずいぶんふえてきています。中にはおすし屋^やさんや、ホテルなどで案内係^{あんないがかり}をしているロボットもいます。

ここでしょうかいするのは、つくえの上における、もっと小型^{こがた}のロボットです。「ユニボ」という名前のこ

のロボットは、声を出して会話をするだけでなく、顔の部分^{ぶぶん}についているディスプレイ（画面^{がめん}）で、表情^{ひょうじょう}がわかります。

ウィンクをするユニボ。わらったり、かなしそうな顔になったりと、人とコミュニケーションをより細やかにとれるようになっている。

このロボットには、AI^{エーアイ}が利用^{りよう}されています。算数や理科をはじめ、英語^{えいご}や身近^{みぢか}なカルタ遊^{あそ}びまで、子どもたちに教^{おし}える機能^{きのう}がいろいろと用意^{ようい}されているのです。たとえば、算数^{さん}のわり算^{ざん}の勉強^{べんきょう}では、ユニボの画面^{がめん}に問題^{もんだい}が出され、それを解^といていきます。そして、答えを出すまでにかかった時間などによって、一人ひとりにあった問題^{もんだい}の出し方をAI^{エーアイ}が判断^{はんだん}して、調整^{ちょうせい}してくれるのです。

ユニボが教えてくれる学習内容^{がくしゅうないよう}はこれだけでなく、専門家^{せんもんか}の人たちが新しくいろいろと開発^{かいはつ}しています。ロボットと楽しく勉強^{べんきょう}をするような学校も、できてくるかもしれないですね。

子どもたち一人ひとりにあった学習^{がくしゅう}のアドバイスをするユニボ。塾^{じゅく}などの学習教室^{がくしゅうきょうしつ}だけでなく、家庭^{かてい}でも活躍^{かつやく}している。

身近なくらし

みなさんがくらしている町の中でも、いろいろなかたちでAI（エーアイ）の利用（りよう）がはじまっています。スーパーなどの大きなお店だけでなく、商店街（しょうてんがい）のお店の中にも、商売（しょうばい）を助（たす）けてくれるAI（エーアイ）の利用（りよう）に取（と）り組（く）んでいるところができてきました。

●たくさんの種類（しゅるい）のパンを見分けるAI（エーアイ）

町の中でたくさんの種類（しゅるい）のおいしいパンを焼（や）いているお店、みなさんの家の近くにもあるでしょうか。パンのねだんは、使（つか）っている材料（ざいりょう）や種類（しゅるい）によってさまざまです。

こういったパン屋（や）さんで、パンを買うときを思い出してみてください。トングで好きなパンをえらんで、トレイの上にのせていきますよね。お店によっては、100種類（しゅるい）近くのパンを売っているところもあります。レジのところで、それぞれのパンの種類（しゅるい）と数をすばやく正確（せいかく）に見分けて、レジに入力するのは、経験（けいけん）をつみかさねてきた店員（てんいん）さんでもたいへんそうです。

そこで、トレイの画像（がぞう）をカメラで撮影（さつえい）し、どの種類（しゅるい）のパンがのっているかをAI（エーアイ）に見分けさせるシステムを、兵庫県（ひょうごけん）の会社が開発（かいはつ）しました。見分けた結果（けっか）は、お客（きゃく）さんにもすぐにわかるように、レジの前の画面（がめん）に表示（ひょうじ）されます。もしまちがっていた場合には、店員（てんいん）さんが修正（しゅうせい）して、AI（エーアイ）に学習（がくしゅう）させるしくみになっています。

このAI（エーアイ）によるレジのしくみを導入（どうにゅう）することで、今まで店員（てんいん）さんが一つひとつ目で見て判断（はんだん）し、手で入力していたレジの作業（さぎょう）が、とてもはやくできるようになりました。

みなさんがもう少し大きくなるころには、AI（エーアイ）をたよれるパートナーとして、必要（ひつよう）なプログラムを自分たちでつくれるようになるかもしれません。

① お客（きゃく）さんが、買うパンをのせたトレイをレジカウンターにのせる。

② トレイの上のパンを撮影（さつえい）する。撮影（さつえい）されたパンのかたちから、どの種類（しゅるい）のパンがあるか、写真（しゃしん）と名前、ねだんが表示（ひょうじ）される。

計5点 ￥820

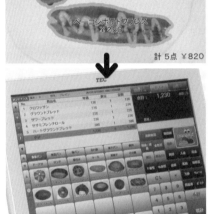

③
店員（てんいん）さんがわの画面（がめん）

②の結果（けっか）をもとに、パンの名前やねだんのレジ入力が、すばやく自動（じどう）でおこなわれる。

お客（きゃく）さんがわの画面（がめん）

パンの写真（しゃしん）と名前、ねだんは、レジの前の画面（がめん）に表示（ひょうじ）されて、お客（きゃく）さんも見ることができる。

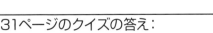

31ページのクイズの答え：
乗客がエレベーターからおりるのをうながすため。

47

【監修】
小林祐紀（こばやし ゆうき）
茨城大学教育学部准教授

1980年三重県生まれ。金沢市内公立小学校教諭、金沢大学非常勤講師を経て、2015年4月より現職。専門は、授業におけるICT活用、小学校プログラミング教育。小学校プログラミング教育の授業開発に精力的に取り組み、各地域のICT推進事業や各学校における校内研修の講師多数。「文部科学省 ICTを活用した教育推進自治体応援事業（ICT活用実践コース）委員」「文部科学省委託事業 小学校プログラミング教育の円滑な実施に向けた教育委員会・学校等における取組促進事業委員」などの各種委員を歴任。著書に『小学校プログラミング教育の研修ガイドブック』（編著・監修、翔泳社）、『これで大丈夫! 小学校プログラミングの授業 3＋αの授業パターンを意識する[授業実践39]』（編著・監修、翔泳社）、『コンピューターを使わない小学校プログラミング教育 "ルビィのぼうけん"で育む論理的思考』（編著・監修、翔泳社）など。

◉イラスト　千原櫻子
◉装丁・デザイン　アンシークデザイン
◉執筆協力（フローチャート・p41-47）新妻正夫（桃山. 舎）
◉企画編集　頼本順子、渡部のり子（小峰書店）
◉編集協力　今村恵子（フォルスタッフ）
◉DTP　栗本順史（明昌堂）

◉取材・写真協力（50音順）
アイロボットジャパン合同会社／inaho株式会社／特定非営利活動法人 エフエム和歌山／有限会社ソリューションゲート／DJI JAPAN株式会社／東芝未来科学館／東芝ライフスタイル株式会社／日産自動車株式会社／日本信号株式会社／パナソニック産機システムズ株式会社／PIXTA／株式会社日立ビルシステム／株式会社ファームノート／株式会社ブレイン／山形大学／ユニロボット株式会社

※本書に掲載の内容は2020年1月時点の情報です。

ゼロから楽しむ! プログラミング　①もののしくみとプログラミング

2020年4月7日　第1刷発行

監修者　小林祐紀
発行者　小峰広一郎
発行所　株式会社小峰書店
　　　　〒162-0066
　　　　東京都新宿区市谷台町4-15
　　　　TEL：03-3357-3521　FAX：03-3357-1027
　　　　https://www.komineshoten.co.jp/
印刷　株式会社廣済堂
製本　株式会社松岳社

©Yuki Kobayashi　2020　Printed in Japan
ISBN978-4-338-33501-0　NDC007.6　47P　29×23cm

ゼロから楽しむ！プログラミング

アイデアシート❶

名前 _____

コンピュータを入れるとしたら、
何に入れて、どんなことをしてみたい？

身のまわりでプログラミングができたらいいかも！
と思うことがないか、考えてみよう！

●何にコンピュータを入れる？	
●どんなことをしてみたい？	
●それは「だれが」「どんなときに」使う？	
●実現したら、どんないいことがある？	
●イメージ図	